パリにゃん

【parinien】

酒巻 洋子

パリと猫

“犬の街”というイメージが強いパリだけれど、家賃の高騰、物価の上昇、散歩時間のなさ、糞を拾わないと罰金！などの問題で、実際には犬の数は減る一方。それに引きかえ、狭いアパルトマンでも一緒に暮らせ、散歩をさせる必要もなく、犬ほど食費がかからない猫たちは増える一方だとか。世界中、どこへ行っても忙しなく、世知辛い世の中になったけれども、そんな日々の暮らしに追われる中、そばにいるだけでほっこり癒してくれる猫たち。自由気ままに生き、こちらの思い通りには決してならない魅惑の生き物は、時代に流されることなく、今日も超然と暮らしている。

ファッショナブルな都会ですました表情を持ちながらも、ひょいと角を曲がると中世のような細い路地が残るパリは、懐かしい空気をあちこちに残してくれている街。ノスタルジックな19、20世紀の古い建物の中でぼんやりと物思いにふけり、石畳で物憂げに立ち尽くす猫たちは、人間たちが忘れてしまった古きよき時代の残り香を、独り楽しんでいるのだろう。そんな猫たちが独り占めしている、眠気を誘うようなのほほんとしたパリの猫時間、ちょっと分けてもらいませんか？

SOMMAIRE

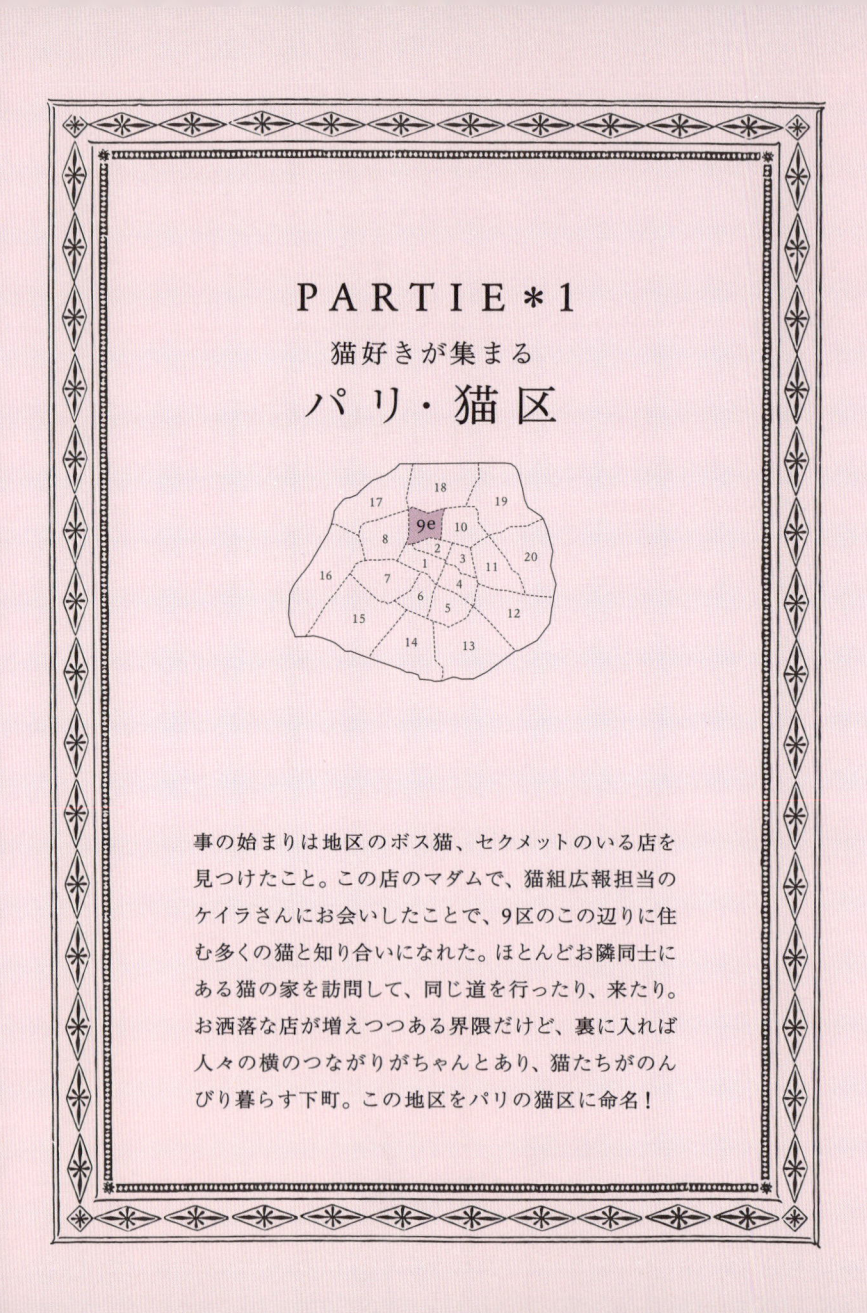

PARTIE＊1

猫好きが集まる
パリ・猫区

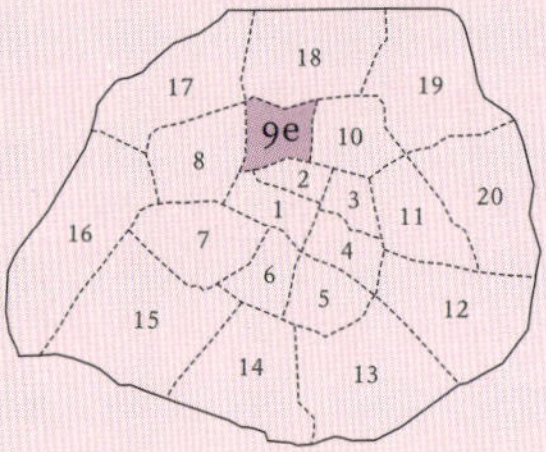

事の始まりは地区のボス猫、セクメットのいる店を見つけたこと。この店のマダムで、猫組広報担当のケイラさんにお会いしたことで、9区のこの辺りに住む多くの猫と知り合いになれた。ほとんどお隣同士にある猫の家を訪問して、同じ道を行ったり、来たり。お洒落な店が増えつつある界隈だけど、裏に入れば人々の横のつながりがちゃんとあり、猫たちがのんびり暮らす下町。この地区をパリの猫区に命名！

Virgile

［ヴィルジル］甘えん坊猫
9区在住・4歳・オス

以前、住み家だった家主のカップルが別れ、
どちらにも引き取ってもらえなかったため、
マリリンさんカップルの家にやってきたヴィルジル。
「私たちが別れることになったら、この子は取り合いよ」
というほど、マリリンさんとの仲は熱々。
マリリンさんを独占できるのも、
彼のいない間だけだから、
今のうちに思いっきり甘えておこう。

Virgile

Virgile

木の梁にむき出しの石の壁、パリの雰囲気満点のヴィルジルの住むアパルトマンは、1960年代に美容院だったところ。

左：美容院の入り口をふさいだガラスブロックの大きな窓を通して、路駐の車や通行人が見える。／右：美容院の廊下だったところを仕切って大きなソファーを作ってあるため、壁をくり抜いたような形に。

左：地下のカーヴはバスルームに変身。カラフルな階段を下りると、必ずヴィルジルが覗きに来る。／右：ステッカーを貼って楽しくデコレーションしたバスタブとトイレ。トイレの邪魔しちゃダメよ、ヴィルジル！

Virgile

道路に面した正面扉を入ると、こんな中庭があるのがパリの建物の一般的な構造。この中庭が、家から出ないパリの家猫たちのかっこうの遊び場というわけ。

Othello

［オテロ］オペラ愛好猫
9区在住・9歳・オス・ペルシャ

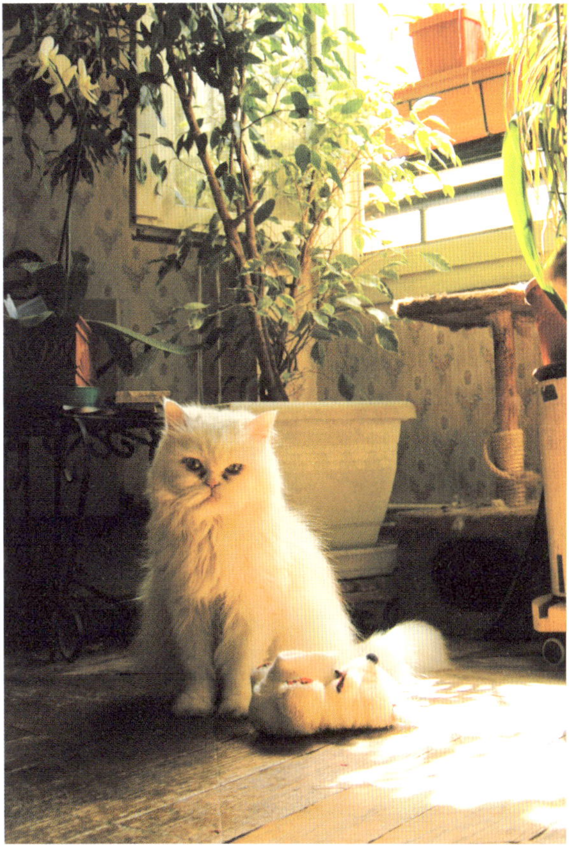

Othello

コの字型をした特徴的な建物の中庭に、
響き渡るほどの大音量でオペラが流れる昼下がり。
犯人はテレビのまん前に陣取ったオテロ。
オペラ愛好家であるリリアンヌさんから、
ヴェルディ作曲のオペラ“オテロ”の悲劇の将軍の名を授かる。
それ以降、オペラ鑑賞という高貴な趣味を持つ猫に。
テレビを見つめる姿は真剣そのもの。

右：パリのおばあちゃんのイメージでもある、かわいい作業着を着た生粋のパリジェンヌ、リリアンヌさん。初めは1階に、その後、花柄の壁紙がノスタルジックな5階に移り、この建物で約40年間暮らす。

オペラが終わるとこの通り。

猫のいる店

Le jupon rouge | 01

Icare [イカール] ブティック猫・4歳・オス

アンティーク家具と古着屋を兼ねたかわいらしいブティックにいるのは、蝋で翼を作って空を飛んだイカロスの勇ましい名を持つイカール。でも本人は、空を飛ぶつもりはまったくなさそう。

Le jupon rouge ル・ジュポン・ルージュ
18, rue de Rochechouart 75009　01 48 78 54 54

Plume

［プリュム］ ビビリ猫

9区在住・3歳・オス

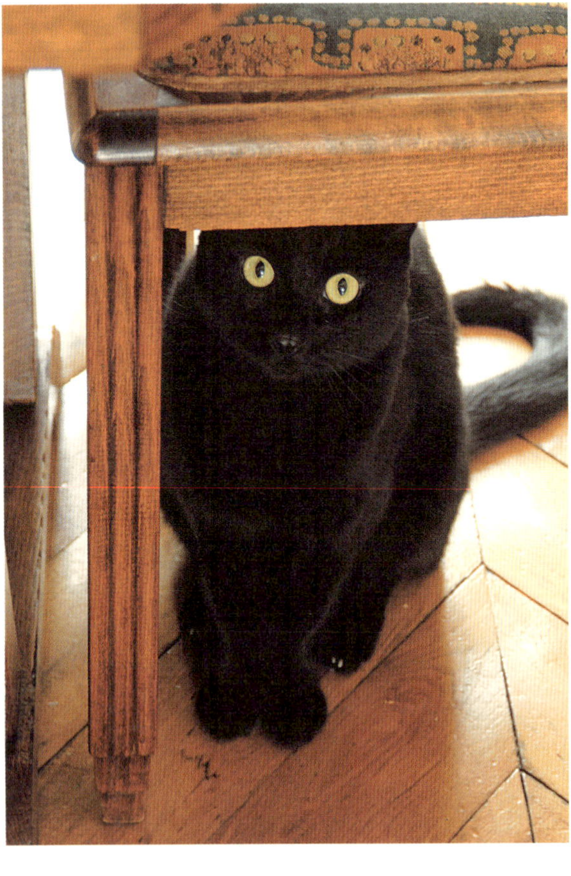

お客さんがやってくると椅子の下でお出迎え。
恐い者ではありませんよ！

カメラマンのミッシェルさんの家にいるのは、
人見知りで臆病者のプリュム。
ちょうど行なわれていた外壁工事の騒がしい音と、
窓の外を行ったり来たりする人影にビビりまくり。
音のする方をまん丸お目目で監視しながら、
じりじりとベッドルームへ後退。
しまいにはベッドの中に隠れる始末。
窓の外にはものすごい化け物がいるに違いない。

Plume

上：プリュムの住むアパルトマンはレリーフが施された高い天井、大きな鏡が置かれたマントルピース、磨き込まれた木張りの床がパリらしいオスマン様式。／下：窓辺に置かれたいつものルイ15世様式の椅子でくつろぎ、ようやく落ち着いた様子。

Plume

Clémentine

［クレモンティーヌ］ちびっこのアイドル猫

9区在住・3ヶ月・メス

Clémentine

八百屋のベン・ダウーさんに

もらわれてきたばかりのクレモンティーヌ。

孫娘のタスニムちゃんの遊び相手だったはずが、

すぐさま近所のちびっ子たちにひっぱりだこの超アイドルに。

学校帰りのマドレーヌちゃんは、クレモンティーヌを見つけた途端、

駆け寄って来てはほおずり。

もう数ヶ月すれば、立派な八百屋の看板娘に成長するはず。

AUX CŒURS DES CHAMPS オー・クール・デ・シャン

48, rue Condorcet 75009　01 40 16 06 68

Clémentine

パリでは量り売りの野菜は、買いたい分量を自分で量りに載せ、値段シールを貼ってレジに持っていくのが基本。子供たちに量りに載せられちゃったクレモンティーヌ。八百屋で猫は買えませんよ！

02 猫のいる店
路上のオルガン弾き

Isabelle ［イザベル］ オルガン弾き猫・4歳・メス

ギャラリー・ラファイエットやプランタンがあるデパート街でよく見かける猫連れのオルガン弾き。オルガンの音色を子守唄にして育ったイザベルと姉のジェニスは、今でも曲が流れ出すとうつらうつら。猫を連れるのはオルガン弾きの伝統なのだそう。

Capucine

［カプシーヌ］ハエ真似猫
9区在住・1歳半・メス

薬局屋のカプシーヌはナタリーさんがお店に出て、
子供が学校に行っている静かな日中、
中庭にある遊具を独占し、ひとり遊びに興じる。
一番の楽しみは、うるさいハエを追いかけること。
“ズズズズズ〜”と負けずに奇妙な音を出しながら、
滑り台の高台まで追い詰めたら、
もうこっちのもの！

Capucine

ナタリーさんが娘のために
もらってきた初めての猫、
カプシーヌ。「子供がもうひ
とり増えちゃったわ」

遊びの最後は昼寝で〆。

Capucine

猫のいる店

SCENES&VERNISSAGES | 03

Sekhmet [セクメット] 猫地区ボス猫・11歳・メス

この猫地区に睨みをきかすボス猫といえば、10kg近い巨猫のセクメット。近所在住の猫を知り尽くしたマダム、ケイラさんの店は、猫好きたちの集合場所でも。アーティストによるオブジェや猫グッズも多く扱う。

SCENES&VERNISSAGES セーヌ・エ・ヴェルニサージュ
7-9, rue de la Tour d'Auvergne 75009
01 48 78 80 87 scenesetvernissages.online.fr

Smitty ［スミティ］物思い猫・9区在住・1歳・オス

穏やかな午後の昼下がり、
棚の縁にあごを乗せて物思いにふけるのはスミティ。
元ママンの事情でちびっ子の時に、
ジョエルさんに引き取られて来た。
その時から高台の棚の上はマイ・ポジション。
物思いはいつしかシエスタに変わるのもいつものこと。

Smitty

本来のママンがヴァカンス中、
スミティの家に居候しているのはテキサス。
パリではこんな風に他の家でヴァカンスを過ごす猫も多く、
家主のジョエルさんのところには、
いろんな猫がひっきりなしに訪れる。
ヴァカンス先がダンボールの中というのは、
太陽が輝く南仏、ニースの海岸に匹敵するほど、
猫にとって極楽の地。

Texas

Eclair

［エクレール］悪友猫
9区在住・1歳半・オス

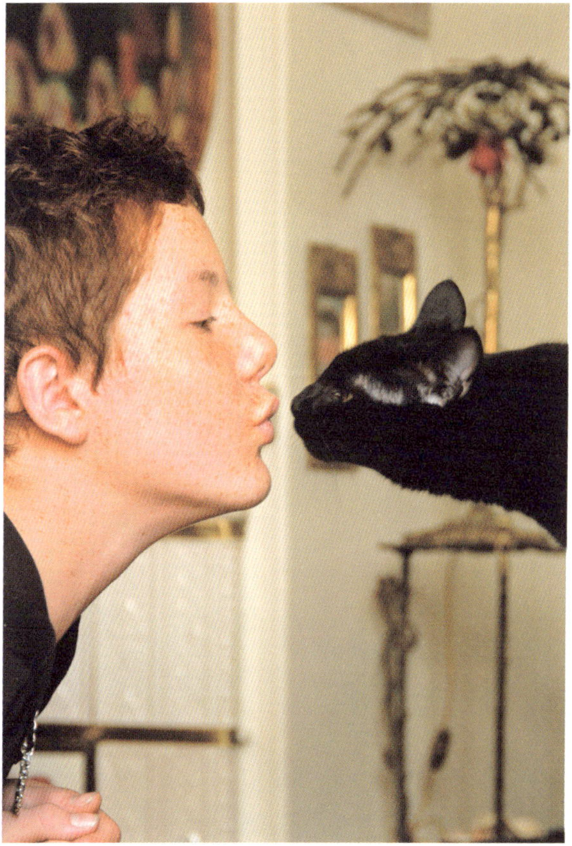

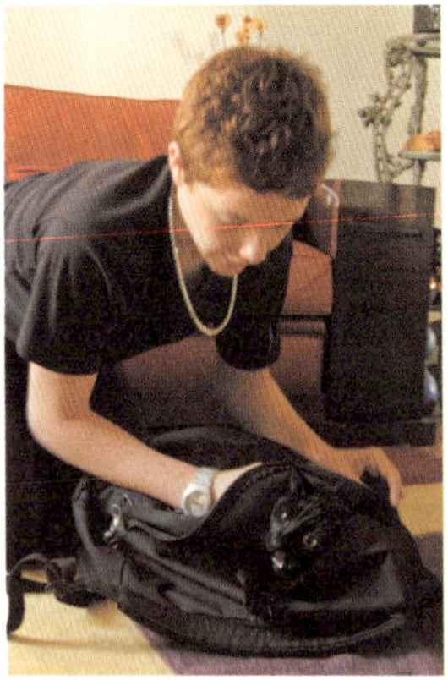

カスタードがたっぷり入ったシューに
チョコレートをかけたお菓子、
エクレアという名のエクレール。
バジル君の学校用リュックが大好きで、
ふたを開けると必ず中に入ってくる。
でもチャックを閉めようとすると、大急ぎで逃げ出す。
これを延々と繰り返す2人。
じゃ、仲良く学校に行ってらっしゃ〜い。

Eclair

ぬいぐるみが並んだバジル君のベッドの上は、2人の秘密基地。百面相をやらされたかと思えば、キスを浴びせられたり、ぬいぐるみとともに揉みくちゃにされるエクレール。君も、大変なんだねぇ。

Eclair

04 | 猫のいる店 PIZZA TRUDAINE

Minou ［ミヌー］怠け猫・5歳・オス

ピザを焼くオーブンの横の暖かい場所が定位置のミヌー。スタッフのお兄ちゃんと遊びながらも眠り込んでしまう怠け者。サクレクール寺院の近くにありながら、近所の人々で賑わっているアットホームなピッツェリア。

PIZZA TRUDAINE ピザ・トリュデーヌ
5, avenue Trudaine 75009　01 45 26 62 46

Tiburce

［ティビュルス］唯一の男子猫

9区在住・6歳・オス

4人兄弟の唯一の男の子がティビュルス。
恐いお姉さんたち、ペネロプ、ポリーヌと、
お転婆娘、ダレットの間で揉まれながらも、
やさしい性格は変わらず。
みんなのお気に入りの場所、
日の当たるキッチンの窓辺はいつも争奪戦。
末っ子のダレットとは仲良くシェアできるけれど、
次女のポリーヌが来た時は黙って場所を譲るのみ。
男はつらいのだ。

Tiburce

Pauline

Pénélope

女王顔の長女

Pauline

重鎮・次女

左：カーテンをかけてゴージャスに飾られた王座から一歩たりとも動かないのは、この家の支配者、ペネロプ。／右：ポリーヌが寝そべる周りの壁には、ギャラリーを営むマリーズさんのお眼鏡にかなった現代絵画が並ぶ。猫保護団体に所属するマリーズさんは、モンマルトルの墓地に住む猫たち（P174）のお世話係でも。

Tiburce

気弱な長男

Daleth

お転婆な末娘

左：女たちに囲まれ、肩身の狭い思いをしているティビュルスは、マリーズさんの膝の上でホッと一息。／右：子供たちのピアノの先生でもあるマリーズさんの家には、他にも電子オルガンがおかれている。たまに鍵盤に手を出し、演奏に参加するのは子猫のダレット。

そこはよそ様の膝の上ですけど…。

Daleth

Merlin

［メルラン］太め猫
9区在住・9歳・オス

テラコッタのひんやりとした床に、
巨大な体をゴロリと横たえるメルラン。
自分の耳を掻くのにも、
かなりの労力を要するほどのデカイ尻。
それを微妙に離れたところから眺めるのは、
同居人のルナ。
そんなにゴロゴロしていると、
さらにお肉が厚くなるわよ！
な〜んてことはそ知らぬふり。

Merlin

猫草にかぶりつくルナ。

猫アクセサリー・アーティスト

猫の微笑むアクセサリーで心うきうき

メルランとルナ(P49)のママンでもあるエレナさんは元ファッションデザイナー。3年前に心機一転、乾燥させた木やフルーツ、スパイスなど天然素材を使ったオリジナルのアクセサリーを作るようになる。軽くて加工もしやすく香りもよい素材は、独自の色使いでひとつひとつペインティング。猫好きが高じて愛嬌のある猫のイラストを描いた猫アクセサリーは、今や人気のシリーズのひとつ。残念ながらモデルではないというメルランとルナはちょっと不服そう。ボス猫、セクメットのいる雑貨店(P33)、またはネット上でも購入が可能。

Elena Garcia
エレナ・ガルシア
elenagarcia.online.fr

服装の色使いも独特でお洒落なエレナさんは、猫地区でも顔が広いお方。パンパンのメルランを持ち上げてみたら、かなり重そうですね。

1.

2.

3.

1. 猫シリーズ・ペンダント（各52ユーロ）：軽い素材を使っているため、大きめのペンダントも気にならない。／**2.** 猫シリーズ・ブローチ（42ユーロ）、ペンダント（52ユーロ）、ピアス（42ユーロ）、キーホルダー（19ユーロ）：パープルとブラックの組み合わせでシックに揃えて。／**3.** 猫シリーズ・リング（各35ユーロ）：大、小、2つのサイズで、部屋に飾ってみても楽しいカラフルさ。

4.

5.

6.

4. 猫シリーズ・ピアス（42ユーロ）：イラストと同じ色のビーズをあしらった、存在感のあるピアス。／**5.** 猫シリーズ・キーホルダー（23ユーロ）：乾燥させたオレンジの輪切りを土台にしたビビットなオレンジ色。／**6.** 猫シリーズ・ペンダント（52ユーロ）：木を張り合わせて立体感を出したものもあり。

PARTIE＊2

アーティストたちの猫が住む

パリ・お洒落区

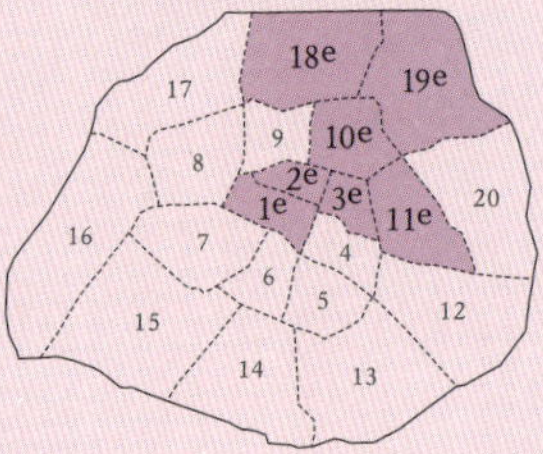

セーヌ河より北の部分に位置する右岸。中でも10、11区は、アーティスト系の人々、クリニャンクールの蚤の市に近い18区は、アンティーク商の人々が多く住み、部屋の中もさすがにセンスよし！ 旧建築のパリらしい建物の中、誰もが憧れるような素敵な部屋に住んでいることを、住人である猫たちは知っているのか、知らぬのか。ゆる〜く生きる猫たちは、そんな古い空間にしっとりと馴染んでいる。

Cévenne

［セヴェンヌ］シンデレラ猫

2区在住・4歳・メス

2年前、ジャーナリストのファビエンヌさんに、
南仏セヴェンヌ山脈の森の中で拾われて、
はるばるパリにやってきたセヴェンヌ。
たどり着いた先はパリのど真ん中にある、
古きよき雰囲気を残すアパルトマン。
シンプルでセンスのいいインテリアに、
3部屋分をぶち抜いた広い空間は、
人間だってなかなか住める家じゃない。

ナチュラルな色合いで統一された部屋には、赤いスチールのサイドボードでアクセントを。扉なしの広い空間は、いくらでもゴロゴロ転がれる。

Cévenne

鏡を置いて広く見せた玄関。
左手には階段があり、上の
階は画家のアトリエになっ
ているのだけれど、なぜか
入り口は共同。

天気のいい日は雨樋と屋根をつたって、向かいのお宅に遊びに行くのが日課。だから向かいの窓はいつも開けっぱなし。

Cévenne

向かいのお宅までの道中は屋根にいる鳩を見上げたり、天窓から下の階の生地問屋を覗き込んだり、これが結構な散歩道。

Cévenne

趣味はバスタブの中で水を飲むこと。

Mikado

［ミカド］照れ猫

18区在住・12歳・オス

ミッドセンチュリーの家具や現代絵画を扱う、
アンティーク商のピエールさんのアパルトマンは、
モダン家具で飾られたおしゃれな空間。
そんなデザイナーズ家具に隠れて覗き見ているのは、
シャイな黒猫のミカド。
フランスではポッキーのようなお菓子や、
棒を使ったゲームの呼び名にもなっているほどのポピュラーな名前。
図体もデカイのだけれど、勇ましいのは名ばかり。

Mikado

美しい曲線のガラスのテーブルや赤いメタルのサイドボードなど、50、60年代の家具でまとめられたインテリア。モダン家具に混ざってアジアの骨董品もさりげなく飾られている。

上：部屋全体に敷かれているココナッツ繊維の敷物は、素足で歩いても気持ちいいとパリで人気のアイテム。猫の肉球にもやさしい？／下：ミッドセンチュリーのデザイナー、エーロ・サーリネン作のチューリップチェアは、そこだけ異次元の趣。

Mikado

Frorinette

[フロリネット] 占い猫
11区在住・8歳・メス

占い師、ジャンヌさん手製のビーズのクッションが置かれ、
絵画、鏡などで壁全面を飾られた、
スピリチュアルな雰囲気の占いの館。
インスピレーションを与えるのに欠かせない黒猫のフロリネットは、
気まぐれでタロットを選び、猫占いに興じる。
が、途中で瞑想にふけることが多く、
最後まで成し遂げることがない。
そんな黒猫のいる占い師を求むなら、
TEL 01 47 00 97 83までどうぞ。

ビーズを使ったバッグデザイナーでもあるジェンヌさんの
作ったクッションは、寝心地も最高。

Frorinette

そんなフロリネットの下に占い師見習いがやってきた。タンタン（2ヶ月）とミルー（1ヶ月）。遊ぶことと寝ることは完璧にマスターしたけれど、占い師にはまだまだ程遠い。まずは大きくなれよ。

Milou
Tintin

Tintin & Milou

Boris

［ボリス］出迎え猫

11区在住・2歳・オス・ペルシャ

Boris

20世紀初頭の装飾の美しい階段まで、
迎えに出てくれた奇特な猫はボリス。
建物の5階部分、下の階と螺旋階段でつないだ、
2フロアのアパルトマンに14歳の老黒猫のモーツァルト、
エリックさん(左)とフィリップさん(右)の4人で住んでいる。
先代にもペルシャ猫がいたのだけれど、病気で他界。
エリックさんが2代目ペルシャがどうしても欲しくて、
家族に迎え入れた。
このペチャンコな顔はどうにもクセになるらしい。

05 | 猫のいる店 GALERIE MARTINE MOISAN

Isla ［イスラ］ 居候猫・11歳・メス・メインクーン

美しいパサージュ、ギャラリー・ヴィヴィエンヌにあるギャラリーで謎の笑みを浮かべるはイスラ。ママンが海外出張が多いため、たまにマルティーヌさんの家に双子のモラダとともに居候。運がよければ会えるかも。

GALERIE MARTINE MOISAN
ギャルリー・マルティーヌ・モワザン
8, galerie Vivienne 75002　01 42 97 46 65

Cappuccino

[カプチーノ] 隠居猫

18区在住・14歳・オス・ノルウェージャン・フォレスト

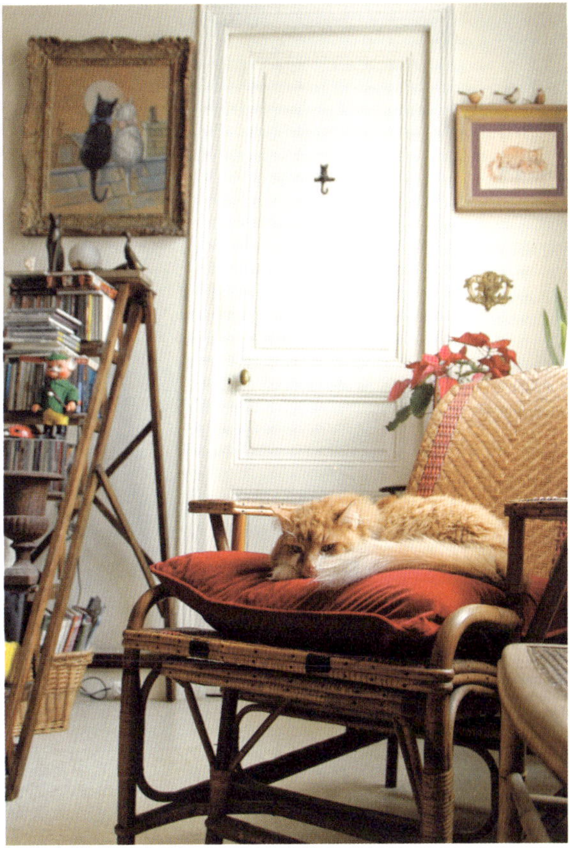

2年前、クレールさんの家に突然やって来た、
元野良猫のカプチーノ。
調べてみるとなんと10年以上も前に、
捜索願いが出されていたことが発覚。
それからどこをさすらっていたのか知る由もないが、
クレールさん家に来てからは動く気配もなく。
今日も窓際の赤いビロードのクッションの上で
噛みつくように身づくろいをしたかと思うと、
すぐさまうつらうつら。
14歳のご老体は安楽な余生を送ることに決めたよう。

Cappuccino

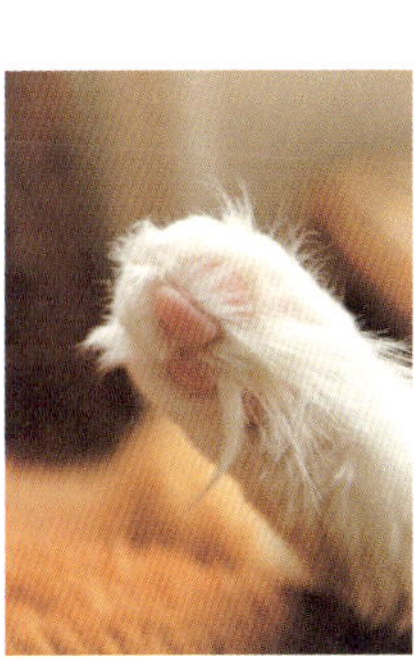

野良猫時代はガサガサだった肉球もやわらかなピンク色。真ん中から出る長い毛がチャームポイント。

ギャラリーを経営するクレールさんの家は、猫の絵やオブジェのコレクションが並ぶ猫の家。

Cappuccino

Charly

［チャーリー］泥酔猫
11区在住・5歳・オス

舞台俳優のクリストフさんに、
ペール・ラシェーズの墓地近くで拾われたチャーリー。
家猫になった今でも外好きは変わらず、
クリストフさんの留守中も窓から自由に出たり入ったり。
日中のほとんどを中庭で過し、なかなか帰ってこない。
強い日差しの中、うとうとと眠り込むと、
たいてい頭はクラクラに。
この酩酊状態がやめられないらしい。

Charly

クリストフさんに抱っこされても焦点の合わない目。

Charly

完全にイッてます。

Sita

［シータ］エセ画家猫
11区在住・3歳・メス

画家のイザベルさんと夫のジャン・マリーさんの、
アトリエ兼住居に住まうはシータとその姉妹のバクティ、
おばあちゃん猫のビズヌール。
家中に置かれたキャンバスの間を走り回り、
描きもしないのに作業中のイーゼルの前に陣取る猫たち。
そしてたまにはイザベルさん作の絵の下で立ち止まり、
気ままに批評を楽しんでみることも。

左：イーゼルに立てかけた鏡で仕切りを作ったベッドルームはみんなのお気に入り。シータの脇で14歳のビズヌールは寝てばかり。
右：シータよりも恥ずかしがり屋のバクティ。

マントルピースの上はねずみ狩りを楽しめるとっておきの遊び場。

上：詩的な色使いのイザベルさんの絵の下で何を思う。／下：イザベルさんのアトリエの椅子はいつも誰かが座っている。

Sita

Félix

［フェリックス］末っ猫
18区在住・3ヶ月・オス

モーリスさんにモンマルトル墓地から拾われてきた
新入りの黒ブチ、フェリックス。
雪のように真っ白いネージュを追い回し、
キッチンの中は黒と白の物体が交互に行ったり来たり。
実はこの他に5匹の猫がいるモーリス宅。
心優しいネージュの他には、
誰もフェリックスの相手をしてくれない。

Félix & Neige

上：穴の開いたベッドは完全に猫の遊び場と化し、猫たちに占拠された部屋。モーリス家に合計7匹いる中でお会いできたのは4匹。残り3匹は相手もしてくれない。

Félix

Mimi

［ミミ］美術館長猫

10区在住・10歳・メス

骨董商を営むアンヌ・マリーさんの家は、
19、20世紀の絵画が壁を埋め尽くし、
温かみのあるプライベート美術館の趣。
部屋に漂う穏やかな古い空気を吸い込みながら、
ミミの思いは時空を超え、はるか夢の中へ。
そんなミミを額の中の猫たちも、
やさしく見守っている。

右：壁にはアンヌ・マリーさんの好きな
猫たちの絵も数多く並ぶ。

Mimi

ほどよい大きさの小さな部屋が3つ並んだオスマン様式のアパルトマン。これでも美術館を管理しているつもりの館長。

06 | 猫のいる店 COSMO'S HOTEL

Bille ［ビーユ］受付嬢猫・9歳・メス

ホテルのカウンターに我が物顔で寝転がっているのは、ビー玉という名のビーユ。お客さんたちに写真を撮られることも多いため、すまし顔はお手のもの。でも、頭が半分落ちかかっていることは分かっているのかな？

COSMO'S HOTEL コスモス・オテル
35, rue Jean-Pierre Timbaud 75011　01 43 57 25 88
www.cosmos-hotel-paris.com/

Max

［マックス］露出猫

1区在住・2歳・オス・スフィンクス

パレ・ロワイヤル庭園の囲いの中を自由に歩き回る、
毛のない奇妙な生き物に、
日向ぼっこ中の人々や散歩中の犬たちがギョッとして振り返る。
他惑星から来た異星人か、はたまた悪魔槍を持たせたらお似合いの、
猫にはとんと見えないマックス。
毎日散歩に連れてくるカメラマンのジョナタンさんは、
そんなマックスの“露出魔”っぽいところがお気に入りだとか。

上：マルセイユからパリに遊びに来ていたエヴァちゃんとお兄ちゃん。
パリで不思議な動物を発見。

Max

左上：庭園の草花の間に見え隠れする、毛のない物体とは!?／右上：特異な外観とはうらはらに、知らない男の子の椅子にちゃっかり座ってみたり、本人はいたってチャーミングなつもり。／下：犬にも「あなたは何者ですか?」と聞かれるしまつ。

見慣れてきたらちょっぴり猫に見えてきた。

Manoucheka

［マヌーシュカ］散歩好き猫
10区在住・4歳・メス

田舎の家にステファニーさんがもらいに行った時は、
物の陰に隠れてばかりいたマヌーシュカ。
今やステファニーさんの職場である国民議会議事堂に、
毎日一緒に通勤するほどベッタリな仲。
でも、ステファニーさんが常に視界に入る位置にいないと、
議事堂中に響き渡るほどの大騒ぎに。
ねずみのおもちゃは眠くなるばかりだけれど、
外への散歩は俄然やる気に。

Manoucheka

白を基調としたシンプルな部屋の窓からは、
緑豊かなサン・マルタン運河が見下ろせる。
運河沿いもマヌーシュカの散歩道。

ツヤツヤに磨かれた木製の螺旋階段は、
足の滑りもいいみたい。

Manoucheka

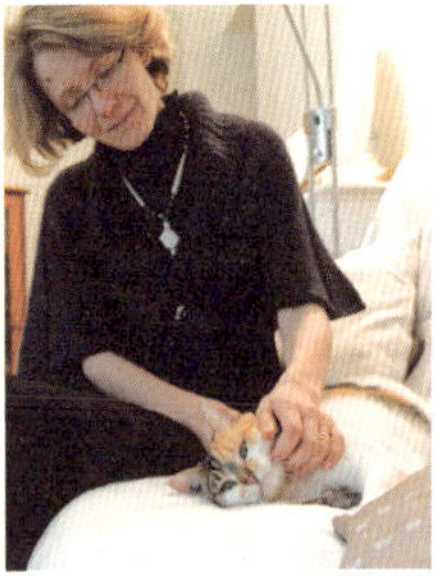

上：中庭は物思いにふけるのにちょうどいい静けさ。／左下：旧建築の玄関ホールは美しいタイル張りなのが、パリの建物の特徴。／右下：家の中ではもっぱらゴロゴロ。

Manoucheka

Miko

［ミコ］キャラ猫
19区在住・1歳・メス

グラフィックデザイナーのカップル、
ジュリアンさんとマチルダさんの元に、
ちびっ子の時、保護施設からやって来たミコ。
日本のMANGAから取ったという名前通り、
真ん丸い目をクリクリさせた、マンガちっくな顔つきが得意。
2人の手によってこんな顔のキャラが誕生するのも、
あまり遠くない話かも。

左：ビビリ屋のミコはちょっとした音にも目をクリックリ。
右：レミントン製アンティークのタイプライターの箱に入るのが趣味。
さすがにタイプは打たない。

Miko

上：2人が仕事中の時は、PC画面の横で寝るのが定位置。猫の手を借りたいほど忙しくても、決して貸してはくれない。／右：いつもミコに笑わされているジュリアンさん（左）とマチルダさん（右）。

上：イラストレーター、ピエール・ラ・ポリスのポスターが飾られた、若いカップルらしいポップなインテリア。／下：真っ黒い肉球観察をされることにビビるミコ。

Miko

Belissa

［ベリッサ］つまみ食い猫

18区在住・3歳・メス

近代、現代絵画やアンティーク家具で趣味よく飾られた、
中2階のあるレイモンドさんのアパルトマン。
吹き抜けの大きな窓から心地よい光が差す中、
階段の中間に置かれた麦の穂を、
つまみ食いしているのはベリッサ。
階段の上り下りがきつくなってきた最近、
レイモンドさんの助力でシェイプに励むこともしばしば。
だが、たるんだ腹はなかなかひっこみそうにない。

Belissa

20世紀初頭のメザニンのあるめずらしいアパルトマン。せっかくの階段は麦の穂のおかげでシェイプアップには向かないよう。

家から一歩も出ないベリッサだけれど、中庭に面した中2階の窓辺がお気に入り。時折、下を通る中庭越しに住むご近所さん、ジャド（P113）と交信する場でも。

Jade

［ジャド］花好き猫

18区在住・2歳・オス・ペルシャ

ベリッサ（P112）の見下ろす中庭を散歩しているのは、
翡翠という名のジャドと、
その同居人で真珠という名のペルル。
ママンのフランソワーズさんが丹精込めて育てた、
花が咲き乱れる石畳の中庭は、
彼らにとって心地よい散歩道。
草花の匂いをかいだり、物音に耳を澄ませたり、
寝転がったり、まどろんだり…。
なんだかとっても忙しい。

Jade

Perle

猫の学校

猫たちに教えてもらう場所

18区にある旧建築の美しいアパルトマンの中に暮らす猫は、なんと約50匹！ パリの猫の保護団体“レコール・デュ・シャ”の副代表を務める獣医のナタリーさんの家には、さまざまな理由により引き取り手のない猫たちが持ち込まれてくる。ケージの中にいるのは、小さな赤ちゃんや病気持ちの猫。残りは広々とした居間からベッドルーム、キッチン、ベランダにいたるまで家中を自由に歩き回っている。ここまで一度に

L'école du chat レコール・デュ・シャ　ecoleduchat.asso.fr/

イル・ドゥ・フランス地方を中心に、各地にある猫保護団体。モンマルトル墓地や、郊外のサントゥアン墓地に暮らす野良猫たちの世話も行う。

いろんな猫たちにお会いすると、なんとまあ、さまざまな性格の猫がいるもの。好奇心でじっと見つめる者、断りもなく膝に乗って眠り込む者、陽気にしゃべりかけてくる者、まったく無関心な者、悟ったように微笑む者など、まるで人間のように多種多彩。団体名である“猫の学校”とは、私たちが猫たちに学ぶ場所という意味とのこと。彼らを観察していると、人間社会の縮図として何か、見えてくるものがあるかもしれない。

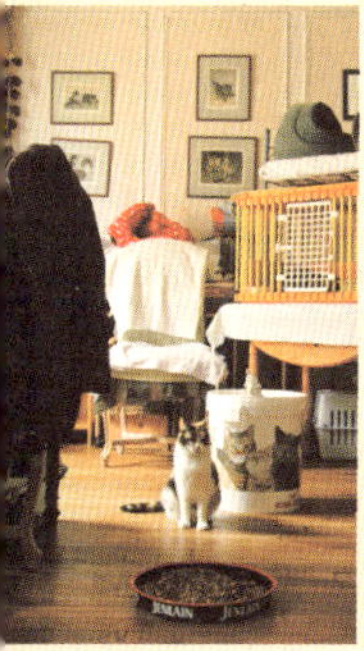

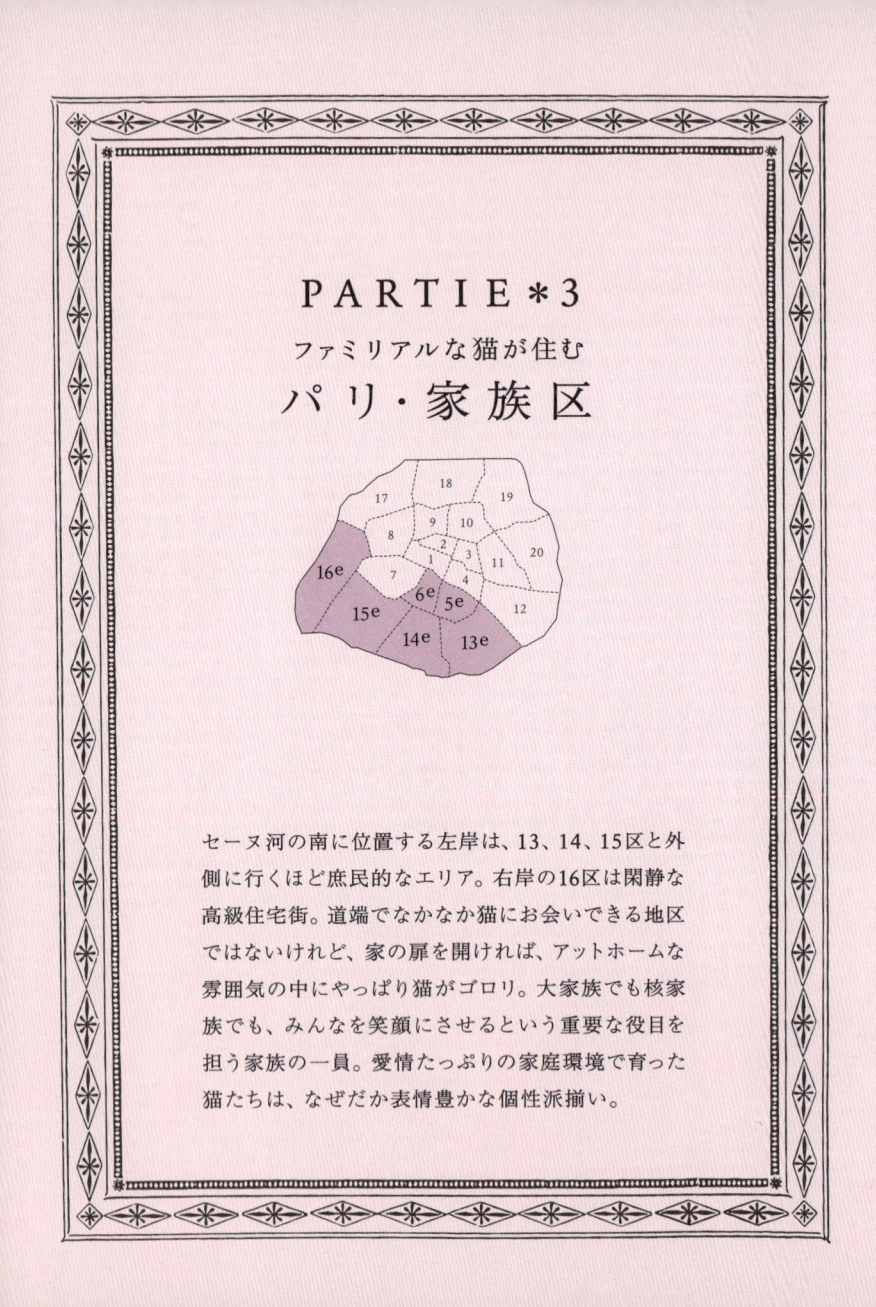

PARTIE＊3

ファミリアルな猫が住む

パリ・家族区

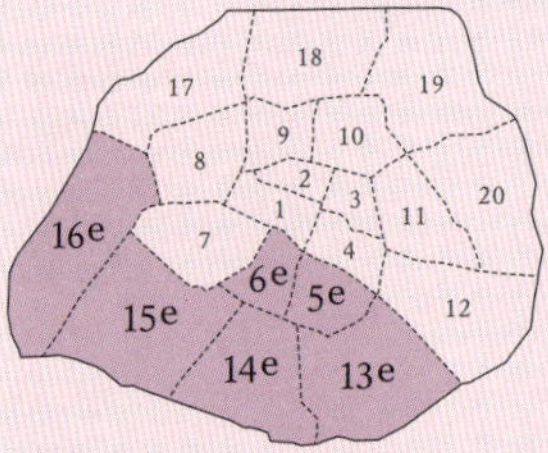

セーヌ河の南に位置する左岸は、13、14、15区と外側に行くほど庶民的なエリア。右岸の16区は閑静な高級住宅街。道端でなかなか猫にお会いできる地区ではないけれど、家の扉を開ければ、アットホームな雰囲気の中にやっぱり猫がゴロリ。大家族でも核家族でも、みんなを笑顔にさせるという重要な役目を担う家族の一員。愛情たっぷりの家庭環境で育った猫たちは、なぜだか表情豊かな個性派揃い。

Roméo

［ロメオ］団欒猫

13区在住・7歳・オス・ブリティッシュ・ショートヘア

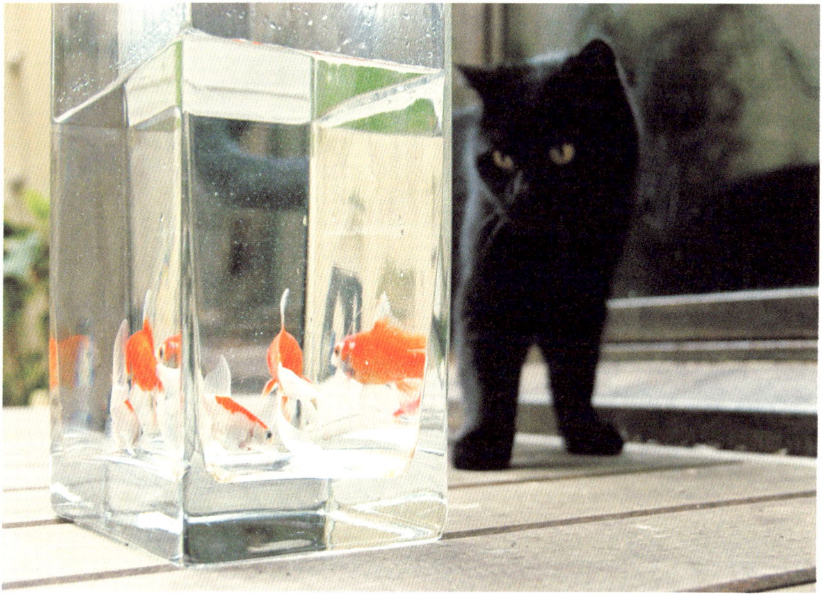

パリではめずらしい一軒家に住むソニアさん一家。
家族は黒猫のロメオにマルチーズのアピー、
生後3ヶ月のルシアン、さらに金魚たちもいる大所帯。
ロメオは大勢の中にいてもみんなと仲良くできる、
社交的でやさしい性格の持ち主。
一番落ち着きがないのがアピーで、
記念撮影を試みると騒ぎ出し、蹴っ飛ばされる運命に。
一番冷静だったのは、実はカメラをじっと見据える
小さなルシアンだったりする。

Roméo

Roméo

13区はパリでも庭付き一軒家がチラホラ見られる地区。
20世紀初めのレンガ造りの建物の、美しいタイル張りの
玄関を出て、自分だけの庭を散歩できるロメオは幸せ者。

Croustille

［クルスティーユ］おねだり猫
15区在住・10ヶ月・メス

耳が聞こえないクルスティーユ。
そのためか、通常の猫よりもスキンシップが多いと
ママンのミッシェルさんは言う。
表情も豊かで欲しいものはひたすら目で訴える。
ミッシェルさんの食べているビスケットをねだる時や、
小さく丸めた紙ボールがソファーの下に入り、
取れなくなってしまった時など。
そんな目で見つめられたら、
誰でも言うことを聞いちゃうよ。

Croustille

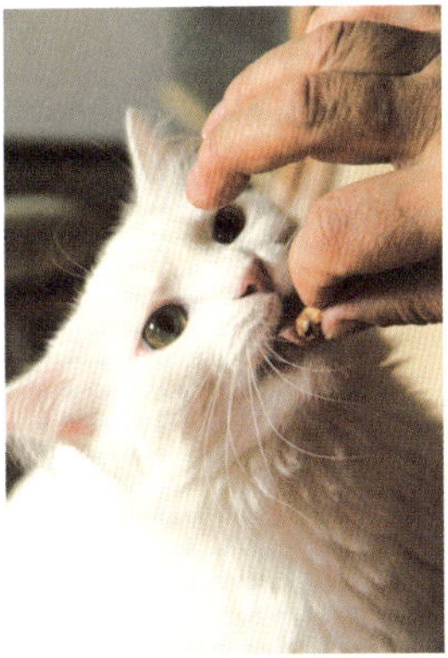

Croustille

はいはい、今すぐ仰せのままに。

Croustille

Rose

［ローズ］おとぼけ猫
5区在住・2歳・メス

パリ郊外の森の中、バラの木の下で拾われたローズ。
悪巧みを隠しているのか、
いつもあらぬ方向を見てすっとぼけた顔をしている。
対する同居猫のヴィオレットは、
知らない人がやって来るとソファーやテレビの下から、
まったく出てこないほどの人見知り。
でもルー君曰く2人でいる時は、
べったりな甘えん坊なのだそう。
ルー君を独り占めしたいヤキモチ焼きさん。

Rose

07 猫のいる店
LE SELECT

Mickey ［ミケイ］マスター・17歳・オス

1923年創業以来、数多くの芸術家たちに愛され続けるカフェ。そこの主としてカウンターに鎮座し、頭の上を飛び交う人々の会話に耳を傾けるのは、ミケイ。カフェから一歩も出なくとも、時代の流れは彼がよく知っている。

LE SELECT ル・セレクト
99, boulevard du Montparnasse 75006　01 45 48 38 24

Tan

［タン］じゃれ猫

16区在住・1歳・オス

ジャーナリストのアンヌ・マリーさんの家に、
保護施設からやって来たばかりのタン。
緑溢れる閑静な住宅地の2フロアのアパルトマンは、
あるものすべてが珍しく、遊び回れないほど広い。
日のあたる窓辺で遊んでいると、
ポカポカのやわらかい光に惑わされて、
いつしかボール遊びの夢の中へ。
もう何も心配はいらないから、
ゆっくりおやすみなさい。

Tan

まだまだ慣れない家の中だけれど、2階へ上がる螺旋階段は遊び場に定着。階段の間からアンヌ・マリーさんの手を叩けたら、1ポイント！

Tan

Tomy

［トミー］子守り猫

15区在住・7歳・オス・シャルトリュー

満腹後の穏やかな昼下がり、
ひんやりとしたフローリングに
心地よく寝そべっていると、
忍び寄る魔の影。
学校から帰ってきたロマン君が、
トミーにただいまのキスを押し付ける。
さぁ、子守りの時間の始まりだ。

Tomy

太陽で温められたテラスのデッキでうたた寝をしていると、忍び寄る第2の魔の影。学校から帰ってきたマリーちゃんが、愛用のブラシを片手に登場。さぁ、子守り第2ラウンドの始まりだ。

2度の襲撃をじっと耐えるトミー。子守り猫には、人には言えない苦労がある。

Tomy

建物の最上階、6階のトミーの住むアパルトマンからはエッフェル塔やパリの街並みが見渡せる。美しい景色を見ながらしばし休憩。

猫のいる店

アラブ系食料品店 | 08

Minou ［ミヌー］ ねずみ退治猫・1歳・オス

フランス語でミヌーとは“子猫ちゃん”の意味で、子供たちが猫を呼ぶのに使う言葉。パリのコンビニ、アラブ系の食料品店には、ねずみ退治も兼ねて猫がいることが多い。ちびっ子、ミヌーにはたしてねずみは捕れるのか？

Sam

［サム］ふうてん猫
16区在住・12歳・オス

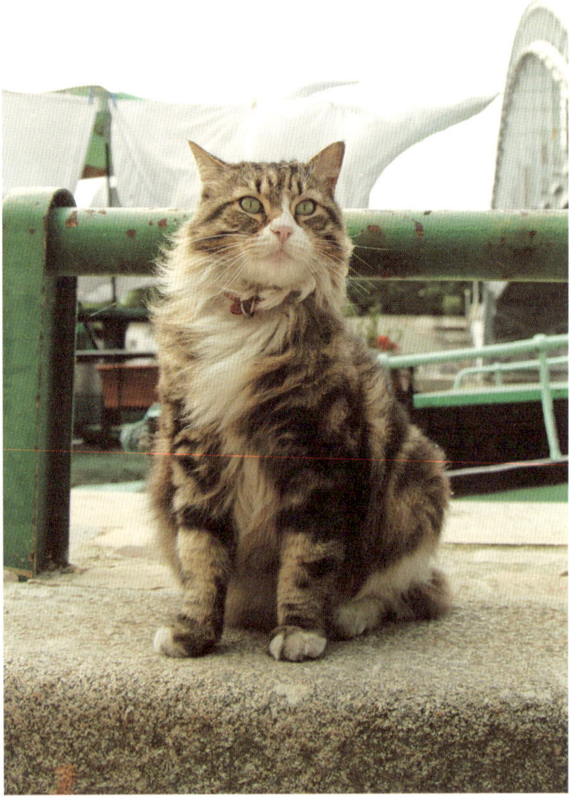

極楽、極楽。

心地よい風が吹き抜けるセーヌ河沿いを、
我が庭とするはサム。
なんせ、画家のフランツさんと船上で暮らしているのだから、
船から一歩出たところの河岸も自分の陣地。
しかもココはエッフェル塔の足元。
日がな一日、パリのど真ん中でセーヌ河に揺られ、
エッフェル塔を眺めてゴロゴロ生活する優雅な猫は、
とんといないに違いない。

Sam

20年近くセーヌ河で船上生活を送るのはオランダ人のフランツさん。年に2ヶ月はサムとともに家ごと旅に出る。

Sam

Navaro

［ナヴァロ］クシャ顔猫
13区在住・8歳・オス・ペルシャ

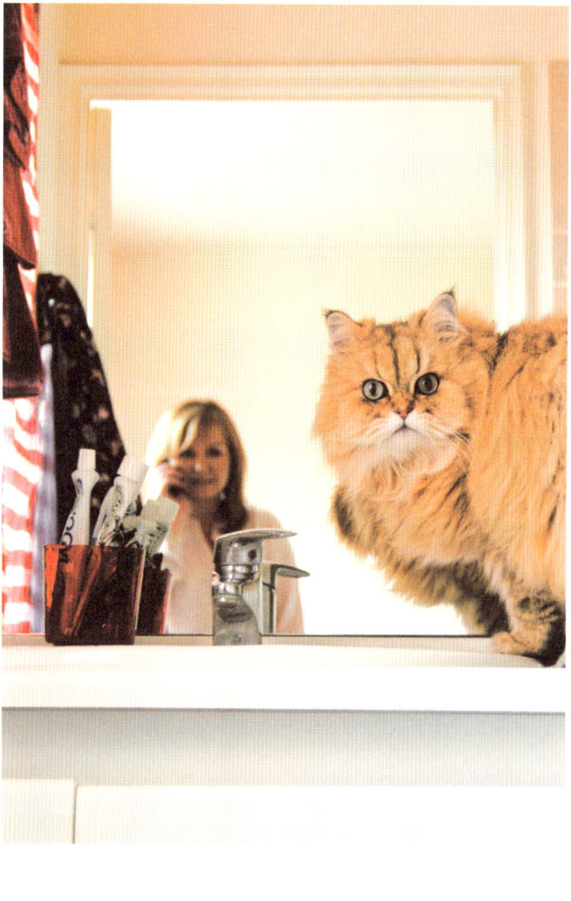

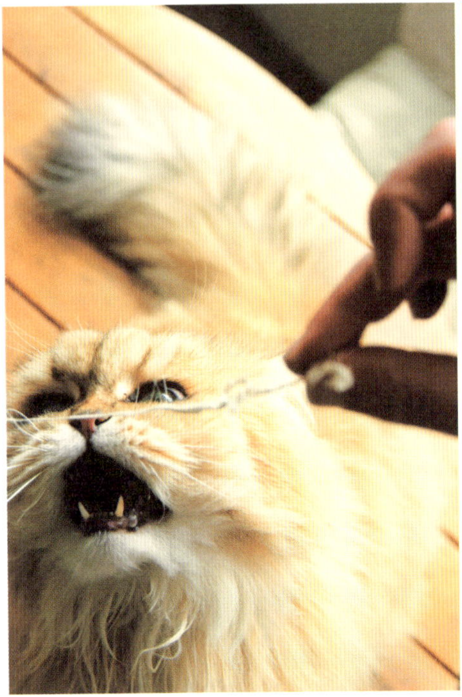

美容師のマリーさんの家にいるナヴァロは、
チューインガムが大好き。
まるごとあげるのは危険だから、
舐めるだけよとちょっとだけ与える。
すると取られまいと歯を食いしばるため、
ガムがビローン。
顔をくしゃくしゃにして必死の形相。
両親はコンクール優勝のハイソな血筋だと言うのに！

Navaro

ねずみは大嫌い。

Leo

［レオ］路上生活猫
16区在住・1歳・オス

3年前からさまざまな事情で路上生活を余儀なくされる、
ドナスィアンさんの元にやってきたレオ。
以前、一緒にいた猫を寝ている間に盗まれ、
寂しい思いをしていたドナスィアンさんに、
知り合いが持って来てくれたのだ。
今や家族も家も何もかもなくなってしまった
ドナスィアンさんにとって、
小さい頃から一緒にいた猫は心休まる存在。
レオがいなければ施設に入ることも可能だけれど、
ドナスィアンさんは路上でレオと暮らすことを選ぶ。

猫グッズ専門店

家の中を猫モノ尽くしにしたいあなたへ

小さな店の中に入ると床から天井までどこを見回しても猫、猫、猫だらけ。猫が描かれたTシャツ、エプロン、ポストカード、猫の形をしたランプ、時計、量りなどなど、よくぞここまで猫をモチーフにしたグッズがあるものだと感心するほどに集められたオブジェたち。「猫モノをかわいいと思うのって世界共通でしょ」と数年前に店をオープンさせたファビエンヌさんは、もちろん大の猫好き。「見てみて、このパンス！ 猫の形に穴が開くの！」と、売る側の方がとっても楽しそう。現在はネットショップのみの営業のため、ぜひサイトをチェックしてみて。

Chat-Bada シャ・バダ
www.chat-bada.com

ファビエンヌさんは、ルー君、ローズ、ヴィオレット（P129）のママン。

1.

2.

3.

1. キーホルダー（19.50ユーロ）：微笑む猫の顔を開けると、あら、びっくり、時計が登場。／**2.** ブール・マジック・カムカム（15ユーロ）：猫のキャラクター、カムカムのひっくり返すと星が降るボール。／**3.** 子供用長靴（20ユーロ）：水たまりにジャブジャブ入りたくなるゴム長靴。左右にそれぞれ猫と金魚が描かれている。

4.

5.

4. 椅子用クッション・カムカム（20ユーロ）：椅子の背もたれにかけたり座に敷いても、猫のカムカムが常に見ている。／**5.** ホッチキス（12ユーロ）、セロテープスタンド（12ユーロ）：猫がモチーフになっているだけで、作業がとっても楽しくなる文房具も満載。

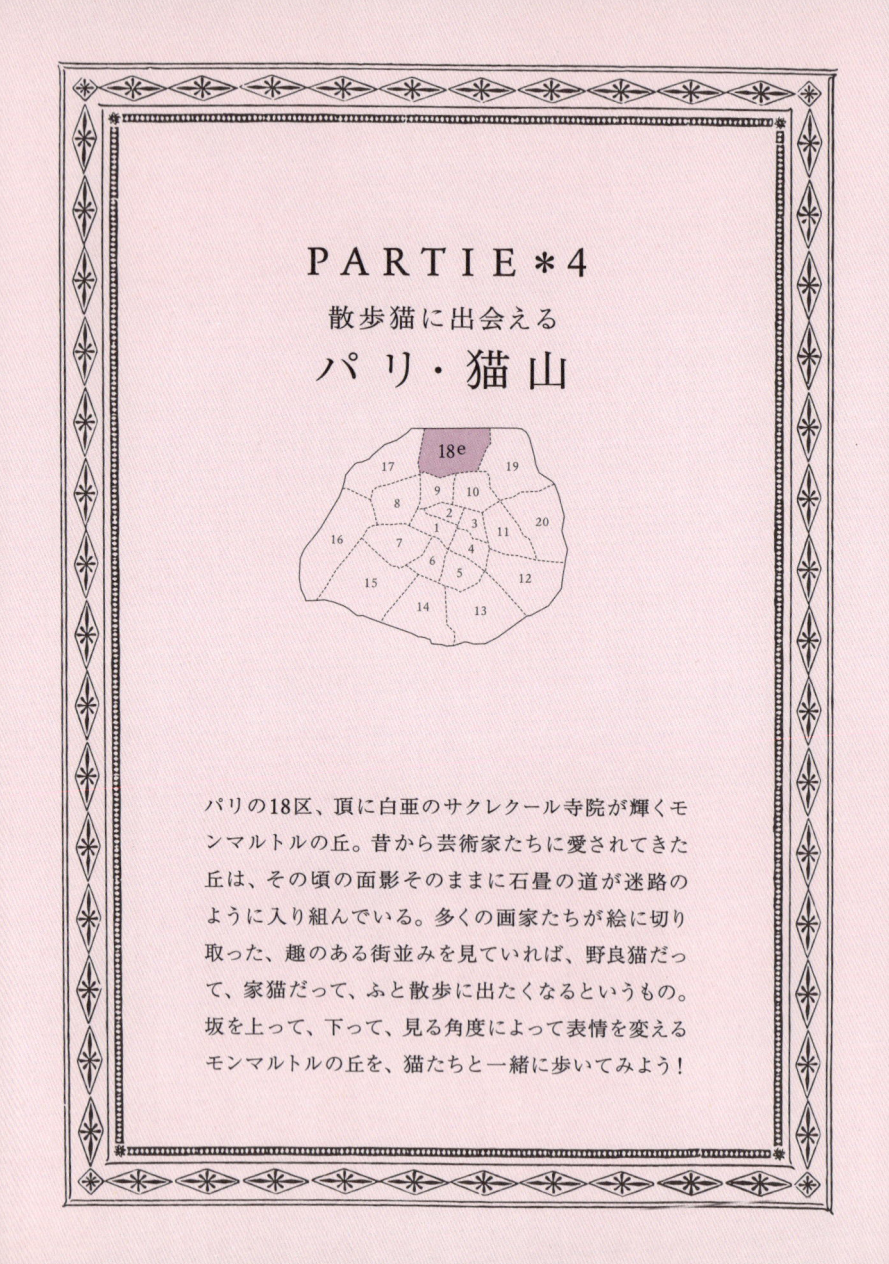

PARTIE＊4

散歩猫に出会える

パリ・猫山

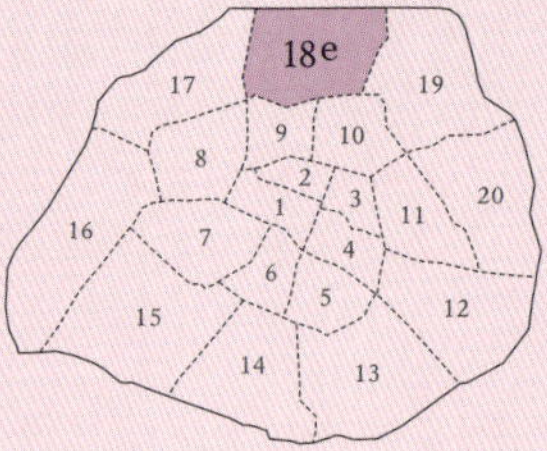

パリの18区、頂に白亜のサクレクール寺院が輝くモンマルトルの丘。昔から芸術家たちに愛されてきた丘は、その頃の面影そのままに石畳の道が迷路のように入り組んでいる。多くの画家たちが絵に切り取った、趣のある街並みを見ていれば、野良猫だって、家猫だって、ふと散歩に出たくなるというもの。坂を上って、下って、見る角度によって表情を変えるモンマルトルの丘を、猫たちと一緒に歩いてみよう！

Promenade à Montmartre
モンマルトルの丘 お散歩コース

1. **Square Louise Michel** ルイーズ・ミッシェル公園
2. **Rue Paul Albert** ポール・アルベール通り
3. **Rue du Mont Cenis** モン・スニ通り
4. **Place du Tertre** テルトル広場
5. **Rue Norvins** ノルヴァン通り
6. **Rue Tholozé** トロゼ通り
7. **Rue Lepic** ルピック通り
8. **Cimetière de Montmartre** モンマルトル墓地

1 Square Louise Michel ［ルイーズ・ミッシェル公園］

モンマルトル散策は、頂に立つサクレクール寺院から。パリが一望できるとして人気の眺望ポイントのひとつ。その足元にあるルイーズ・ミッシェル公園で休憩しつつ、ひょっこり出てくる野良猫たちにごあいさつ。

左上：お昼ごはんを食べていると、背中に突き刺さる視線。／左下：植木の間が猫たちの楽しい遊歩道。／右：散歩しているうちに、今日も日が暮れてゆく。

上：時折、勢い余って階段に出現する特攻隊。／右：公園で見かけるのは、黒クロ家族とトラ吉家族。子供たちは茂みの奥で身を寄せ合って生きている。

2 Rue Paul Albert ［ポール・アルベール通り］

ルイーズ・ミッシェル公園の東側にはかわいいカフェが集まっている。
テラスに座り、くつろいでいると常連客の猫に出くわすかもしれない。
一服したら、モンマルトルの丘の裏手を歩き始めよう。

Sachachan［サッチャチャン］：カフェのテラスでママンと一緒にビールを楽しんでいるのは、日本語の"ちゃん"をつけたサッチャちゃん。散歩は慣れたもので犬よりも堂々としている。

キョロキョロして歩いていると、窓辺で昼寝中の猫も見つかるかもしれない。

3 Rue du Mont Cenis ［モン・スニ通り］

モンマルトルの丘の裏側は閑静な住宅街。細い路地や長い階段が多いのんびりとした街並みは、ちょっと足を延ばして歩いてみたい。パリらしい石畳の道を猫たちもゆっくりと、または颯爽と散歩を楽しんでいる。

メシの時間に家路を急ぐ。

4 Place du Tertre［テルトル広場］

静かな路地裏を楽しんだら、再び長い階段を上ってテルトル広場へ。モンマルトル名物の似顔絵描きたちが並び、周りをカフェが囲む、もっとも賑やかな観光スポット。そんなことには臆せず、猫たちは人々の足元を行ったり来たり。

画家たちの足元をすり抜け、カフェのテラスを横切るのはプチ・黒子。

カフェを徘徊するグルマン・ミケ子。

5 Rue Norvins［ノルヴァン通り］

モンマルトルの猫たちのもっとも通行量が多いのがこの道。レストラン、カフェが並ぶ、観光客の多いエリアを抜けると、途端に静かな住宅地の石畳の道に入り込む。中でも一番よく見かける猫といえば、このお方。

Nana［ナナ］：モンマルトルの丘を仕切るボス猫。体は小さいながら、自分より図体の大きい猫をも怯えさせる凄腕。カフェのテラス、営業中のピエロさんのかご、どこへでも我が物顔で入り込む。でもピエロさんの仕事の手伝いはまったくする気なし。

18e Arrt
RUE
NORVINS

URANT LE CONSULAT
CAFE

6 Rue Tholozé [トロゼ通り]

ここから地下鉄アベス駅付近一帯のモンマルトルの丘の南側は、古着屋さんや雑貨屋さんなど小さなお店が並んでいる。賑やかなエリアながら、近所にお住まいの猫たちが日向ぼっこしていることが多い。この界隈を歩くと猫のいる店が見つかるかも。

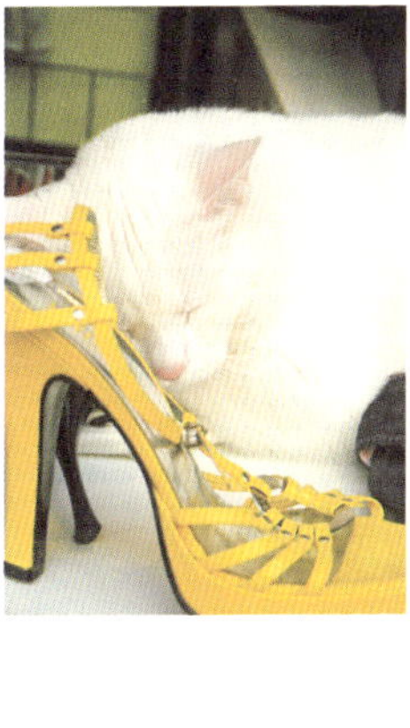

Aspro［アスプロ］：アベス駅近くにある小さな古着屋さんのショーウインドーで、いつもハイヒールを枕にして寝ているのはアスプロ。あまりにも自然すぎてウインドーを覗く人々も気づかないことが多い。寝ていなければ、あいさつをしてくれる商売人の面も。

7 Rue Lepic [ルピック通り]

モンマルトルの丘をぐるりと迂回する長い通り。丘の上の風車のレストラン、ムーラン・ドゥ・ラ・ギャレットから下まで辿るとキャバレー、ムーラン・ルージュの真っ赤な風車に出る風車通りでも。ここを散歩道にしている猫を発見！

Kitty［キティ］：この辺りをぐるりと散歩し、夕飯時に家に帰ってくるのはキティ。窓辺でひと鳴きすると家人が窓を開け、家に入れてくれる。どこまで歩いてきたのか、足は真っ黒で、なんだか眠そうな顔。もちろん、お腹も空いたよね。

8 Cimetière de Montmartre［モンマルトル墓地］

モンマルトルの丘の猫めぐりを締めくくるのは、モンマルトル墓地。野良猫たちが多く住む、野生の王国でもある。猫の世話をするために墓地に通う、猫保護団体のマリーズさんに代表猫を紹介してもらおう。

1. 墓地に入る門をくぐったところで迎えてくれるのは、管理人さんの秘蔵っ子。／2. グレー兄弟の弟、グリティ。いつもお兄ちゃんと一緒にいる。／3.グレー兄弟の兄、ティグリ。鋭い目つきは野良の証。

4. 墓の間で見栄を切る、ザ・歌舞伎くん。／5. 毎年、子沢山で困り者だったダダも、ようやく手術をさせることに成功。／6. まだ野生化していない新入り君。どこからやってきたものか。／7. マリーズさんからミルクをもらうアノニム。／8. 植木の陰で舌なめずりな謎の女、マダム・サンガ。／9. ブルーの目のプリュシュは、モンマルトル墓地一番の美女。／10. 墓の影からガンを飛ばすトラ猫、ティクタクはタクティクのお兄ちゃん。／11. お兄ちゃんより愛想がいいタクティクは、のほほん系。／12. 目は閉じても口は閉じないちびっ子、舌出しっぺ。

パリの墓地猫

パリの墓地は野良猫たちの楽園

パリには、ペール・ラシェーズ、モンパルナス、モンマルトルの3ヶ所に大きな墓地がある。緑豊かで静かな敷地はパリジャンたちには遊歩道として、観光客には安らかに眠る著名人たちの墓参りの場所として人気。そしてパリの野良猫たちには、安住の地として評判でもある。なぜならば、墓地には毎日、エサを与えに来てくれる人々がいるからだ。

レコール・デュ・シャ（P116）に所属するマリーズさん（P47）は、モンマルトルの墓地の猫担当。彼女によれば、モンマルトルの墓地が出来た1825年より、貴族やブルジョワたちが捨てて行った血筋のよい猫を先代とし、先祖代々暮らしている生粋の墓地猫もいるとのこと。

エサを与える以外にも、避妊手術や子猫の保護、衛生管理や防寒ベッドの設置まで面倒を見ている。他の保護団体や個人のボランティアの人々と手分けをしているため、約80匹もいるという野良猫たちは安心して自由に住むことができるというわけ。それぞれの猫はテリトリーが決まっており、気に入った墓付近で暮らしている。画家のユトリロや映画監督トリュフォーの墓の上で寝ている猫もいるのだろう。住む墓を選ぶ基準は死者との相性なのだろうか？

日中は緑がきらめき、人々が行き交う明るい墓地も、日が暮れると門は閉ざされ、静寂の世界へと変わる。この時からが人間たちには分かりえない、野良猫と死者たちにとって本当の、楽園の始まり。

En plus... おまけ

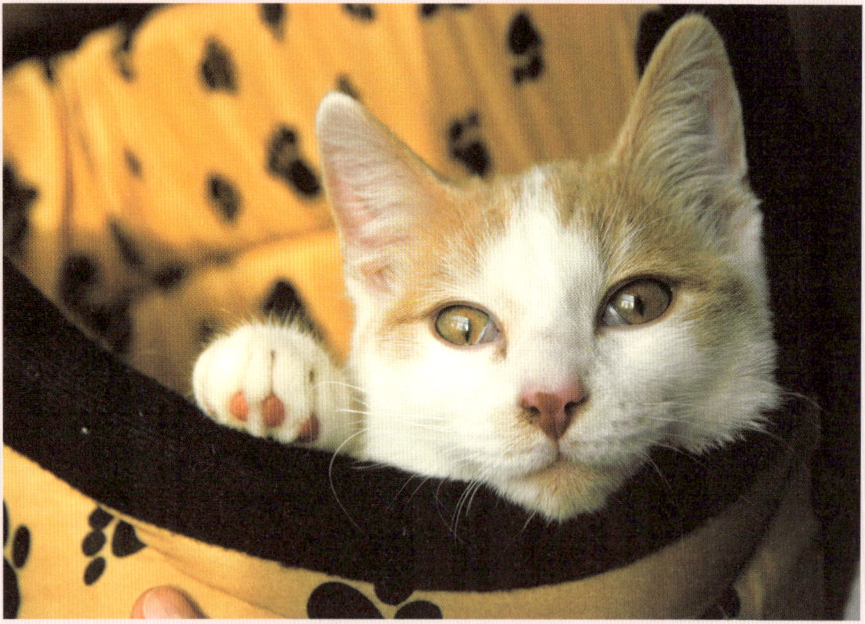

Mouky

[ムーキー] 旅猫

4ヶ月・メス

ノルマンディー地方からパリへの列車の中でお会いしたのは、ブルターニュ地方の方言で“紫”という意味のムーキー。ママンのアマンディーヌさんの友達の家で数日滞在し、パリを観光する予定。さて、あなたの目にパリはどのように映るのかしらね。

パリにゃん 

2009年5月30日　第一刷発行
著者・撮影：酒巻 洋子

ブックデザイン：増田菜美（66 DESIGN）

発行：株式会社産業編集センター

〒113-0021 東京都文京区本駒込2-28-8
文京グリーンコート17階
TEL 03-5395-6133
FAX 03-5395-5320

印刷・製本：株式会社シナノ

ISBN978-4-86311-028-1 C0076